三口之家

比饭店还要好吃的私房菜

好豆网 编

人民东方出版传媒
東方出版社

目录

吃点什么呢?

哇!有我最爱吃的黄瓜!
嗯,只要你爱吃,妈妈就高兴啦。

风味凉菜

闪闪惹人爱 ···· 003

江南 Style ···· 005

没那么简单 ···· 007

阿里郎的冬天 ···· 009

等待一枚婚戒 ···· 013

五色鲜蔬

倍儿爽 · · · 017	鼻青脸肿 · · · 033
心酸的浪漫 · · · 019	一无所有 · · · 035
吉祥三宝 · · · 021	我叫金三顺 · · · 037
煎熬 · · · 025	爱情红绿灯 · · · 039
包青天 · · · 027	表白 · · · 041
年轻无极限 · · · 029	相对无言 · · · 043
爱你在心口难开 · · 031	

无肉不欢

多么痛的领悟 · · · 047	相见不如怀念 · · · 065
明月几时有 · · · 049	浮夸 · · · 067
爱你爱到骨头里 · · · 051	我的爱赤裸裸 · · · 069
我为自己代表 · · · 053	冬天的歌谣 · · · 071
横扫饥饿 · · · 057	梦见铁达尼 · · · 073
大约在冬季 · · · 059	我愿意 · · · 075
陪你去看流星雨 · · 063	梅兰梅兰我爱你 · · 077

美味海鲜

繁星 · · · · 083

于心不忍 · · · · 085

不怕不怕啦 · · · · 087

我就是我 · · · · 091

香喷喷 · · · · 093

你把我灌醉 · · · · 095

桃花源 · · · · 097

无汤不成席

故乡的云 · · · · 103

听海 · · · · 105

想你的夜 · · · · 107

萍聚 · · · · 109

爱琴海 · · · · 111

风味凉菜

不论今天您的主餐是什么,几份风味凉菜总是少不了的。凉菜注重的是,选料精细、口味干香、爽口不腻、色泽艳丽、造型整齐美观、摆盘和谐悦目。

Tips

1. 切蓑衣黄瓜时最讲究刀法,放筷子是很好的办法。
2. 最后的那勺热油,目的是为了让红辣椒丝、蒜末和花椒的香味完全散发出来。

闪闪惹人爱（蓑衣黄瓜）

Author ID：笛子

Materials

主料

黄瓜3根

辅料

盐3g

酱油20ml

醋15ml

白糖5g

红辣椒丝5g

花椒5g

油10ml

蒜末10g

Steps

1. 黄瓜清洗干净。
2. 在黄瓜两侧放2根筷子，刀刃与筷子呈45度角，斜着下刀，切到筷子处即可。
3. 切完一面后再将黄瓜翻身，按同样的方法切完这一面，依次切完剩余的2根黄瓜，然后摆在盘中。
4. 取一个小碗，放入盐、白糖、酱油、醋，搅拌均匀制成碗汁。
5. 将碗汁倒在切好的黄瓜上，然后撒上蒜末、花椒和红辣椒丝。
6. 锅中热油，然后趁热将油浇在红辣椒丝、花椒和蒜末的上面。

Tips

选用任何品种的梨都可以,也可加入苹果。

江南 Style（萝卜泡菜）

Author ID：苹果小厨

Materials

主料
白萝卜1根

梨1个

韩式辣椒粉50g

辅料
盐3g

葱15g

姜10g

蒜10瓣

白醋25ml

白糖20g

Steps

1. 将白萝卜洗净后去皮，并切成小块，加入盐水中腌制30分钟。

2. 葱、姜、蒜切碎。

3. 将梨切成小块，并加入葱碎、姜碎、蒜碎、辣椒粉和白糖，搅拌均匀。

4. 再加入白醋，搅拌成辣椒糊。

5. 把腌制好的萝卜块沥水后，放入辣椒糊中，搅拌均匀。

6. 将搅拌好的萝卜放在一个无水无油的容器内，并放入冰箱冷藏，腌制1天后口感更好。

Tips

捣蒜泥时可以加少许盐,这样蒜泥会比较有黏性,而且口味较香。

没那么简单（蒜泥茄子）

Author ID：柔蓝水晶

Materials

主料

茄子1根

蒜10瓣

辅料

香菜末30g

油10ml

盐3g

生抽5ml

红辣椒圈5g

味精1g

白芝麻3g

Steps

1. 把茄子洗净后切成长条状，放入盘中。
2. 蒸锅中倒水，水开后，大火蒸茄条5分钟。
3. 蒜捣成泥备用。
4. 取一个小碗，放入适量盐、生抽、味精、白开水，搅拌均匀制成碗汁。
5. 将碗汁均匀地浇到蒸好的茄条上。
6. 再把蒜泥浇上。
7. 然后放上香菜末和红辣椒圈，把油烧到九成热时，泼一勺浇到菜上。
8. 最后撒上少许白芝麻即可。

Tips

1. 大白菜在盐水中一定要浸泡到很软时才能继续下一道工序，这样才能去除辣白菜的生菜味道，口感更好。
2. 刚刚腌制好的辣白菜也可以食用，但是经过发酵后的辣白菜口感更好，一般发酵3天后的最好吃。

阿里郎的冬天（韩国辣白菜）

Author ID：红豆厨坊

Materials

主料
大白菜1棵
白萝卜1根
洋葱1个
苹果1个
梨1个

辅料
盐50g
蟹子酱30g
辣椒粉30g
糯米粉50g
大葱30g
白糖30g

姜20g
蒜10瓣
韩国辣酱30g
韩国糖稀20g

Steps

1. 将大白菜切成六等份。
2. 在一个无油、干净的盆中，放入50克盐和适量冷水，然后将大白菜放入盐水中浸泡。
3. 可在大白菜上压一个重物，使其更好地吸收盐分，腌制8~10个小时。
4. 将腌制好的大白菜捞出，沥水备用。
5. 在糯米粉中加入清水，调成糯米糊。
6. 锅中倒入适量清水，加入糯米糊，小火加热，煮至浓稠状后关火，晾凉备用。

7. 把辣椒粉倒入晾凉的糯米糊中。

8. 白萝卜切丝，大葱切段，倒入糯米糊中。

9. 苹果、梨去皮后切块，和姜、大蒜、洋葱一起放入搅拌机中搅拌成泥，然后倒入糯米糊中。

10. 然后在糯米糊中依次加入白糖、蟹子酱、韩国辣酱、韩国糖稀，全部搅拌均匀成为辣椒糊。

11. 把辣椒糊均匀地抹在每片白菜上。

12. 把辣白菜放入保鲜盒中密封，在冰箱冷藏3～5天后即可食用。

做菜心得：

Tips

用流水冲洗凤爪的目的是要把胶质和浮油都冲掉,这样泡出的凤爪口味才会更好。

等待一枚婚戒（泡椒凤爪）

Author ID：柔蓝水晶

Materials

主料

凤爪300g

泡椒50g

辅料

白糖5g

味精1g

白醋5ml

葱段5g

姜片10g

Steps

1.将凤爪的指甲剪掉后，冷水下锅，并在锅中放入姜片和葱段，水开后煮3~5分钟。

2.煮好后，将凤爪捞出放入盆中，先在冰水中浸泡5分钟，然后用流动的水流慢慢冲洗，直到盆中的水变清。

3.将凤爪捞出，沥水后放入另一盆中，依次加入泡椒、白糖、白醋、味精，搅拌均匀。

4.将凤爪放入保鲜盒内，冷藏1天后即可食用。

五色鲜蔬

蔬菜的五色，即青、赤、黄、白、黑，分别对人体五脏有不同的作用。各个脏腑之间互相关联，所以在日常饮食中不能偏食某一色，均衡摄取才能使五脏都能得到滋养。

Tips

1. 丝瓜也可以切片,但在炒丝瓜片时就不需要加水了,因为丝瓜片易熟。
2. 虾要炒出红油后才能再放丝瓜,以保证菜的味道和颜色。

倍儿爽（炒丝瓜） Author ID：littlew

Materials

主料

丝瓜1根

虾10只

鸡蛋2个

辅料

油30ml

盐3g

姜丝5g

料酒5ml

Steps

1. 丝瓜洗净后，去头去尾，切滚刀块。
2. 虾去头、留尾，剥壳后洗净备用。
3. 鸡蛋打散，然后起锅烧热，倒油，将鸡蛋炒熟后盛出。
4. 另起一锅，倒油，烧热后加入姜丝，爆炒出香味但不要变色。
5. 加入虾仁转中火。
6. 倒入料酒，快速翻炒至虾仁变色。
7. 加入丝瓜块，转中小火，继续翻炒。
8. 加盐，翻炒一会儿后在锅中倒入适量清水，然后盖上锅盖。
9. 待汤汁快收干时，加入鸡蛋，快速翻炒均匀后即可出锅。

Tips

炒土豆丝时，油一定要热，另外醋要早放，可以使土豆丝更加清脆。

心酸的浪漫（醋熘土豆丝）

Author ID：littlew

Materials

主料

土豆2个
醋20ml

辅料

鸡精1g
盐3g
青椒8g
红椒8g

Steps

1. 将土豆去皮后切丝，并将其泡在滴入了少许醋的清水中约10分钟，然后沥水备用。
2. 青椒、红椒切丝。
3. 热油锅，放入土豆丝进行翻炒。
4. 再放入青椒丝、红椒丝、盐、醋，继续翻炒。
5. 等土豆丝快熟时加入鸡精，翻炒均匀后出锅即可。

Tips

要想让茄子少吸油,就要在茄子上裹上干淀粉然后再炸制。

吉祥三宝（地三鲜）

Author ID：西马栀子

Materials

主料
茄子1根
土豆1个
青椒100g

辅料
油40ml
盐3g
白糖5g
淀粉15g
醋10ml
酱油10ml
鸡精1g
蒜末20g

Steps

1. 茄子洗净后，切成滚刀块，然后用盐腌制5分钟。
2. 土豆去皮后，切成和茄子大小一样的滚刀块。
3. 青椒去蒂切成块。
4. 取一个小碗，加入酱油、盐、白糖、醋、淀粉、鸡精和少量清水，制成碗汁。
5. 起油锅，放入土豆块炸至表面起皱，并用筷子能够扎透时将其捞出沥油。

6. 茄块挤去汤汁后放入另一个碗中，再倒入干淀粉，用筷子搅拌一下让每个茄块均匀沾满干淀粉。
7. 另起一油锅，下入茄块，炸至金黄色时捞出沥油。
8. 锅中留底油，蒜末爆香。
9. 倒入调好的碗汁，烧开，等到汤汁变得黏稠时倒入过油的茄块、土豆块，并加入青椒块，翻炒均匀后即可出锅。

做菜心得：

Tips

要使用面粉而不是淀粉,因为淀粉煎制后比较硬,影响口感。

煎熬（锅塌豆腐）

Author ID：西马栀子

Materials

主料

豆腐200g

高汤300ml

鸡蛋1个

辅料

油50ml

盐10g

干面粉50g

鸡精2g

白糖2g

生抽3ml

葱10g

姜10g

料酒20ml

Steps

1. 葱、姜切成碎，鸡蛋打散备用。
2. 将豆腐切成大片后，在每一片上撒些盐和料酒腌制10分钟。
3. 然后将豆腐片沥水，并裹上一层干面粉。
4. 再裹上一层鸡蛋液。
5. 煎锅中倒油，将豆腐片放入，小火煎至豆腐片两面呈金黄色时，加入葱碎、姜碎爆香。
6. 倒入高汤，并加入适量白糖和生抽。
7. 小火把汁收干，最后加入鸡精调味即可。

Tips

茄块放入淡盐水中可防止氧化,而且经过淡盐水泡的茄子,油炸时不吸油。

包青天（红烧茄子）

Author ID：苹果小厨

Materials

主料

茄子1根

辅料

油50ml

盐8g

蒜片5g

葱碎5g

姜碎5g

陈醋10ml

料酒10ml

白糖5g

水淀粉20ml

生抽10ml

Steps

1.在碗中加入生抽、陈醋、料酒、白糖和盐，调成碗汁备用。

2.茄子洗净后切成滚刀块，并放入淡盐水中浸泡约20分钟。

3.将泡好的茄块捞出，用厨房纸吸净表层水分。

4.起油锅，油热后放入茄块，炸至茄块略软时捞出，放入碗中，锅中留底油。

5.将油锅再次烧热后，将茄块入油锅复炸一次。

6.将炸茄子的油倒出，只留少许底油，放葱碎、姜碎、蒜片炒香。

7.加入调好的碗汁，大火烧开后，放入茄块快速翻炒。

8.炒至汤汁略尽时，加入水淀粉收汁，关火即可。

Tips

1. 一定要最后再放盐,如果一开始就放会让卷心菜出水。
2. 要用旺火快速翻炒,才能使炒出的卷心菜保持脆嫩口感。

年轻无极限（火爆卷心菜）

Author ID：柔蓝水晶

Materials

主料

卷心菜1棵

辅料

油10ml

盐3g

生抽5ml

醋5ml

鸡精1g

干红辣椒5g

红椒5g

蒜2瓣

香油3g

Steps

1. 卷心菜撕成小片，干红辣椒剪成小段，红椒切成细丝，大蒜切片。
2. 起油锅，油微热时，下入红椒丝和干红辣椒段爆香。
3. 放入蒜片继续翻炒。
4. 倒入撕碎的卷心菜翻炒。
5. 倒入适量生抽、醋、盐调味。
6. 淋入几滴香油提香。
7. 关火，加入适量鸡精即可。

Tips

1. 塞糯米时要有耐心,仔细地把每个孔都压实,但又不要塞太满,因为糯米煮熟后会膨胀。
2. 煮好的糯米莲藕可以继续浸泡在糖水里入味,也可以先放在冰箱内冷藏,味道会更佳。
3. 买莲藕时选择短胖的那种,因为短胖的比瘦长的莲藕口感更好;另外,太长的莲藕也不方便放进锅内。

爱你在心口难开（糯米莲藕）

Author ID：苁苁

Materials

主料

莲藕2节

糯米200g

辅料

白糖20g

红糖15g

红枣8颗

Steps

1. 糯米浸泡约1小时后，沥水放入碗中，加入适量白糖，搅拌均匀。
2. 莲藕去皮洗净后，在藕的一头斜切一刀，切下来的藕节不要扔掉。
3. 将藕孔清洗干净后，把糯米慢慢灌进藕孔里（可用筷子或牙签捅，一定要做到没有空洞）。
4. 用刚才切下来的藕节盖上，并用牙签固定封口。
5. 把灌好糯米的莲藕，放入炖锅（或高压锅）中，加入红糖、红枣，清水量要没过莲藕，大火煮开后转小火再煮半小时。
6. 捞出莲藕，晾凉切片；锅内剩余的汤汁不要倒掉，开大火，当汤汁变浓稠后，将其浇在糯米藕片上即可。

Tips

1. 豆角一定要炒熟,以防中毒。
2. 茄子过油后,能保持茄子颜色不变黑。

鼻青脸肿（茄子豆角）

Author ID：南宁小鱼

Materials

主料

长茄子1根

豆角250g

辅料

蒜5瓣

盐3g

鲜贝汁10ml

辣椒酱30g

Steps

1. 豆角切段备用。
2. 茄子洗净后切成约1厘米粗的长段。
3. 锅中倒油，加热后倒入茄条，炸至茄条变软后捞出，放入盘中。
4. 然后在同一个锅中，放入豆角过油至变色，变软后捞出控油。
5. 倒出大部分油，但留少许底油，下入蒜瓣和辣椒酱煸炒出香味。
6. 依次倒入豆角、茄条翻炒。
7. 加少许开水、盐、鲜贝汁，盖上锅盖焖制片刻。
8. 烧至汤汁快收干时即可出锅。

Tips

1. 切好的苦瓜在淡盐水中浸泡可消除部分苦味。
2. 苦瓜入锅后略炒即可，火候不必太大。

一无所有（清炒苦瓜）

Author ID：苹果小厨

Materials

主料
苦瓜1根

辅料
油10ml
盐3g
蒜粒10g
枸杞40g

Steps

1. 枸杞洗净后用温水略泡。
2. 苦瓜对切后挖净瓜瓤，然后斜切成薄片，并在淡盐水中浸泡约10分钟。
3. 锅中油烧热，蒜粒爆香。
4. 倒入苦瓜片翻炒，然后加入盐。
5. 略炒后，加入泡发的枸杞，翻炒均匀后出锅即可。

Tips

要持续保持大火快炒，以免出汤。

我叫金三顺（酸辣白菜）

Author ID：西马栀子

Materials

主料

大白菜1棵

辅料

油8ml

盐3g

干红辣椒段10g

米醋5ml

生抽5ml

花椒3g

鸡精1g

姜末5g

Steps

1. 白菜洗净，去叶留帮。
2. 将白菜帮竖着对半切开。
3. 再用斜刀将白菜帮切成片。
4. 锅中倒油，烧热后下入花椒爆香。
5. 再放入干红辣椒段和姜末炒香。
6. 倒入白菜帮，翻炒2分钟。
7. 依次加入盐、米醋和生抽，搅拌均匀后加入鸡精调味即可。

Tips

1. 油麦菜下锅前要沥干水分，因为在炒制过程中，油麦菜本身也有水分析出。
2. 枸杞主要起点缀作用，如果不喜欢，可以不加。

爱情红绿灯（蒜蓉油麦菜）

Author ID：苹果小厨

Materials

主料
油麦菜280g

辅料
油8ml
盐3g
蒜粒40g
枸杞30g
鲜鸡汁15ml

Steps

1. 枸杞温水略泡。
2. 油麦菜用淡盐水泡洗，然后沥水，切成约两寸长的段。
3. 锅中倒油，加入蒜粒炒香。
4. 先加入油麦菜叶梗部分，大火快速翻炒。
5. 炒至略软后，再加入油麦菜叶子，炒至变软时加入盐。
6. 炒匀后，加入适量枸杞点缀。
7. 关火后，加入少许鲜鸡汁调味即可。

Tips

茭白忌同蜂蜜、豆腐一起食用。

表白（油焖茭白）

Author ID：苹果小厨

Materials

主料

茭白400g

五花肉200g

辅料

油8ml

盐3g

酱油5ml

料酒5ml

红椒丁5g

白糖5g

Steps

1. 茭白剥皮后，削去外面的老皮，切成滚刀块。
2. 五花肉切成块状。
3. 锅中倒入少量油，放入五花肉煸炒。
4. 炒至肉块变色，吐出大部分油脂时，加入一勺料酒。
5. 加入茭白，翻炒茭白至略变微黄。
6. 加入适量酱油、白糖，翻炒片刻后，加入盐。
7. 盖上锅盖焖制约2分钟。
8. 最后加入红椒丁点缀即可出锅。

Tips

打鸡蛋液时加入少许白糖可让鸡蛋炒出来后更蓬松。

相对无言（胡萝卜炒鸡蛋）

Author ID：一碗清粥

Materials

主料

胡萝卜1根

鸡蛋3个

辅料

油10ml

盐3g

葱花5g

白糖5g

Steps

1. 胡萝卜洗净后切细丝。
2. 鸡蛋磕入碗中，加入1小勺白糖，打散。
3. 锅中放油，油热后倒入鸡蛋液，翻炒至鸡蛋定型，盛出。
4. 锅中倒油，油热后下入胡萝卜丝，炒制3～4分钟，至胡萝卜丝变软。
5. 加入炒过的鸡蛋。
6. 加适量盐翻炒均匀。
7. 出锅时撒些葱花即可。

无肉不欢

肉类中含有丰富的蛋白质、脂肪、碳水化合物、矿物质及维生素，是人体摄取丰富营养的重要来源。

Tips

1. 猪肝一定要充分泡洗。
2. 浸泡肝片时,加入适量牛奶以除异味。
3. 猪肝配菠菜一起食用,治疗贫血效果更佳。

多么痛的领悟（炒猪肝）

Author ID：苹果小厨

Materials

主料

猪肝270g

辅料

油8ml

盐3g

洋葱50g

料酒20ml

酱油10ml

孜然粉2g

鸡精1g

姜片5g

Steps

1. 猪肝用水洗净后，在淡盐水中浸泡30分钟。
2. 将猪肝切成薄片，洗净后再次浸泡10分钟以去血水。
3. 锅中倒清水，加入姜片和料酒烧开。
4. 加入猪肝片，焯至颜色变白，然后捞出沥水备用。
5. 洋葱随意切成块。
6. 锅中放适量油，加入洋葱炒香。
7. 加入肝片大火快炒。
8. 加入适量盐、料酒。
9. 再次翻炒均匀后，加入适量酱油、孜然粉。
10. 关火后加入少许鸡精调味即可。

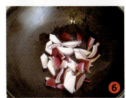

Tips

1. 不要把肘子里的骨头剔掉,这样煮出来的肘子会更香。
2. 最后放入甜面酱,会使酱香更浓郁。

明月几时有（东坡肘子）

Author ID：梅依旧

Materials

主料

肘子1个

辅料

油10ml　　香叶2g
盐3g　　　葱段8g
冰糖80g　　花雕酒100ml
姜片5g　　　老抽8ml
八角2g　　　甜面酱15g
桂皮4g

Steps

1. 肘子洗净后放入煮锅中，大火煮沸，去掉血水后捞出。
2. 锅中倒油，放入甜面酱炒出香味后，再放入八角、桂皮、香叶、葱段、姜片炒香，制成调料。
3. 将处理干净的肘子放入大砂锅中，加入调料，再倒入老抽、花雕酒。
4. 然后倒入适量开水没过肘子，焖煮约1小时，加入冰糖和盐，继续用小火焖煮至肉烂，再重新调成大火收浓汤汁，取出肘子装盘，滤掉汤中的香料杂质，淋在肘子上即可。

Tips

排骨要用清水冲洗5～8分钟,冲洗至颜色发白后再焯烫,这样炖出的排骨汤口味更加鲜美。

爱你爱到骨头里（冬瓜炖排骨）

Author ID：红豆厨坊

Materials

主料

排骨400g

冬瓜500g

辅料

油10ml　　料酒15ml

盐3g　　　胡椒粉5g

葱段5g　　鸡精1g

大料2个　　姜片5g

Steps

1. 排骨洗净后，入锅焯烫备用。
2. 炒锅中倒油，葱段、姜片、大料爆香，放入排骨翻炒片刻。
3. 锅中加入适量清水、料酒。
4. 盖上锅盖，大火煮开，转中小火炖煮1小时。
5. 冬瓜去皮，洗净切大块后放入排骨汤中。
6. 加入盐、胡椒粉后继续炖煮20~30分钟。
7. 冬瓜面软后，加少许鸡精调味即可。

Tips

1. 若吃不惯猪油的味道,可用火腿肉替换猪油渣,用普通食用油替换猪油。
2. 若想芙蓉肉片表皮更酥脆,可多裹一些干淀粉再进行炸制。

我为自己代表（芙蓉肉）

Author ID：nicole1026

Materials

主料

里脊肉300g

虾仁200g

辅料

猪油渣30g

鸡蛋1个

糯米酒100ml

花椒20g

生抽10ml

鸡精5g

干淀粉20g

辣椒粉10g

香油15ml

猪油10ml

番茄酱15g

Steps

1.里脊肉切成树叶形薄片，猪油渣切成小粒备用。

2.将里脊肉片放入碗中，放入适量辣椒粉、鸡精、生抽，搅拌均匀后腌制15分钟。

3.在每一片里脊肉片上撒上适量干淀粉。

4.然后在肉片较宽一头放上一粒虾仁，较窄一头放上一粒猪油渣，稍用力将其按紧。

5.在虾仁和猪油渣上抹上蛋清。

6.锅中倒入清水，烧开后，将肉片平铺在笊篱中，汆烫至肉与虾仁变色，然后用同样方法处理好所有肉片。

7.锅中放入香油,烧热后放入花椒粒爆香,然后将花椒粒铲出。

8.在爆好的花椒香油中倒入猪油。

9.油加热至七成时,放入肉片炸制,然后放在用生菜叶垫底的盘中。

10.另起锅,放入100毫升糯米酒。

11.加入一大勺番茄酱,搅拌均匀,煮至黏稠状时关火。

12.将调好的汁浇在肉片上即可。

做菜心得：

Tips

1. 炒制时要大火快炒，否则会出很多汤汁，而且洋葱也容易烂。
2. 洋葱腌牛肉可以使牛肉更鲜嫩，因为洋葱中含一种物质可作为嫩肉素来使用。

横扫饥饿（蚝油牛肉） Author ID：litllew

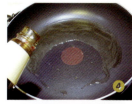

Materials

主料

牛肉卷400g

洋葱头1颗

辅料

蚝油15ml

老抽5ml

生抽3ml

料酒3ml

油10ml

黑胡椒粉3g

Steps

1. 洋葱头切丝，在水中浸泡片刻后捞出。
2. 牛肉卷稍微解冻。
3. 牛肉卷和洋葱丝一起放入盆中，依次加入料酒、生抽、蚝油，搅拌均匀后腌渍10分钟。
4. 起油锅，大火，油热后转中小火，倒入蚝油炒一下。
5. 再转大火，加入腌制好的牛肉卷、洋葱丝。
6. 翻炒均匀后，加入老抽。
7. 炒至牛肉变色变熟后关火，加黑胡椒粉出锅即可。

Tips

1. 若不喜欢啤酒,可直接加水炖煮。
2. 放入压力锅中的羊肉,更容易熟;但如果有时间,还是建议慢火煲。

大约在冬季（红焖羊肉）

Author ID：苹果小厨

Materials

主料

羊肉500g

啤酒1罐

辅料

油5ml	八角2g
盐10g	花椒2g
洋葱30g	茴香2g
胡萝卜20g	香叶2g
干红椒3g	桂皮2g
蒜片20g	酱油5ml
料酒5ml	姜片15g

Steps

1. 羊肉洗净后放在清水中浸泡30分钟，以析出血水。
2. 将羊肉切成约2厘米大的方丁。
3. 锅中倒水，水开后，将羊肉下锅，焯至颜色变白后捞出，用温水洗净。
4. 胡萝卜切滚刀块，洋葱一部分随意切大块，一部分切成小丁。
5. 锅中倒油，加入蒜片、洋葱丁、姜片、干红椒炒香。
6. 加入焯好的羊肉翻炒。

7. 加入适量料酒、八角、花椒、茴香、香叶、桂皮，翻炒片刻。

8. 再加入酱油、一罐啤酒、少许盐、适量清水、姜片。

9. 将锅中食材全部转至电压力锅中（普通压力锅也可以），选取煮粥功能，煮10分钟。

10. 将羊肉捞出，沥净汤里的杂质。

11. 将切好的胡萝卜放入汤中，加适量盐，煮至胡萝卜熟烂。

12. 再加入羊肉、切好的洋葱块，略煮即可。

做菜心得：

Tips

切猪蹄的时候要小心,生猪蹄非常难切,不要伤到手。

陪你去看流星雨（黄豆炖猪蹄）

Author ID：柔蓝水晶

Materials

主料

黄豆50g

猪蹄380g

辅料

油8ml

盐3g

冰糖8g

葱段5g

姜片15g

蒜粒5g

香叶2g

桂皮2g

醋8ml

啤酒10ml

味精1g

Steps

1. 猪蹄从中间切开一刀，然后冷水下锅，锅中放入姜片，煮至水开。
2. 水开后，将猪蹄捞出，切成小块。
3. 锅中倒油，放入冰糖，炒到冰糖融化。
4. 倒入猪蹄翻炒，使猪蹄表面裹上糖汁。
5. 倒入葱段、姜片、蒜粒、香叶和桂皮翻炒。
6. 倒入适量醋，再加入开水。
7. 倒入泡发好的黄豆，再加入少许啤酒。
8. 加入适量盐，盖上锅盖，中火炖到收汁。
9. 收汁后关火，加入味精调味即可。

Tips

1. 切片时,用刀背拍一下牛排,会使牛排松软一些。
2. 腌制的调味料可以按照自己的口味调制。
3. 因为一开始已经用盐腌制过了,所以在煎制时生抽、老抽要少放一些,只是为了上色。

相见不如怀念（煎牛排）

Author ID：一碗清粥

Materials

主料

牛排250g

辅料

油8ml

盐3g

生抽10ml

老抽10ml

胡椒粉3g

鸡蛋清20ml

Steps

1.将牛排切片。

2.取一个碗，放入盐、胡椒粉和鸡蛋清，搅拌均匀后，将牛排放入腌制15分钟。

3.平底锅中放油，放入牛排小火煎制。

4.煎至一面变色后翻面，继续煎制，可以同时放入两片牛排。

5.倒入适量老抽、生抽。

6.再放入适量清水，待汤汁快收干时即可。

Tips

金针菇一定要炒熟,不要生食。

浮夸（金针菇炒肉）

Author ID：苹果小厨

Materials

主料

金针菇260g

猪肉120g

辅料

油15ml	料酒20ml
盐3g	酱油5ml
葱段5g	淀粉10g
姜片5g	鸡蛋清10ml
香菜3g	
红椒圈5g	

Steps

1. 将猪肉切成细丝，放入碗中。
2. 加料酒、少许淀粉、鸡蛋清，抓匀后腌制约10分钟。
3. 金针菇去掉根部，洗净后挤掉水分，并撕开。
4. 锅中放少许油，放入金针菇煸炒，炒至变软时关火盛出。
5. 锅中放少许油，葱段、姜片爆香。
6. 加入肉丝快速翻炒，炒至肉色变白时加入料酒。
7. 再次翻炒均匀后，加入适量酱油，然后快速炒匀。
8. 放入炒好的金针菇。
9. 加入适量盐，炒匀后放少许香菜、辣椒圈点缀即可。

Tips

最好用猪后臀肉做这道菜。

我的爱赤裸裸（蒜泥白肉）

Author ID：琴心剑胆

Materials

主料

猪肉500g

辅料

油10ml

盐3g

香油3ml

花椒2g

干红辣椒5g

辣椒粉5g

蒜5瓣

香葱段10g

姜片5g

八角5g

葱花5g

Steps

1.锅中倒清水，将猪肉、香葱段、姜片、八角下锅，烧开后转中火慢煮。

2.当猪肉能用筷子扎透后，关火，盛出晾凉备用，肉汤留用。

3.将猪肉切成薄片，然后整齐地码放在盘子上。

4.将大蒜捣成蒜泥，然后和半碗肉汤混合在一起。

5.起油锅，花椒、辣椒粉和干红辣椒爆香，做成红油。

6.在蒜泥汁中加入盐、红油、香油，混合成调料汁。

7.将调料汁淋在猪肉上，最后撒上葱花做点缀即可。

Tips

1. 用料酒水浸泡可以去除五花肉的腥味。
2. 用小火将五花肉的油脂逼出来,这样做出的红烧肉才不肥腻。
3. 煮制五花肉块时加入的水一定要是热水,因为热胀冷缩,否则肉就会变硬。

冬天的歌谣（土豆烧肉）

Author ID：笛子

Materials

主料

五花肉300g

土豆1个

辅料

盐3g	姜片10g
白糖3g	八角3g
生抽3ml	料酒10ml
老抽3ml	油8ml
大葱20g	

Steps

1. 土豆去皮切块，大葱切碎、切段。
2. 五花肉切小块，放在加了料酒的清水中浸泡10分钟，然后捞出沥水。
3. 起油锅，油热后将五花肉下锅，小火慢炒，将五花肉中的油脂逼出来，直到肉皮表面金黄。
4. 加入老抽、生抽调色调味。
5. 倒入半锅开水，再加入盐、白糖、葱段、姜片和八角，大火烧开后转小火炖煮。
6. 炖到肉八成熟时，加入土豆块下锅。
7. 等到土豆块煮软、汤汁快收干时即可出锅。

Tips

1. 肉尽量选用外脊或里脊，里脊为首选，最鲜嫩。
2. 将肉冰冻一会儿再切，会容易操作一些。
3. 香菜不可放太多，适量即可，因为香菜和猪肉在一起食用过多会因热生痰。
4. 如果喜欢吃辣椒，也可将辣椒丝在肉丝前早入锅炒，以炒出辣味。

梦见铁达尼（香辣肉丝）

Author ID：苹果过厨

Materials

主料

猪外脊肉300g

香菜50g

辅料

油5ml

盐6g

葱段5g

姜片5g

蒜片5g

红椒10g

料酒5ml

淀粉8g

鸡蛋清10g

酱油5ml

Steps

1. 猪外脊肉切成细丝，加入料酒、淀粉、少许盐、鸡蛋清，抓匀腌制约10分钟。
2. 红椒切丝，香菜茎切寸段。
3. 锅中放油烧热，放入蒜片、姜片、葱段炒香。
4. 加入肉丝，快速划炒至肉丝变白。
5. 加入香菜段、红椒丝，快速翻匀。
6. 再加入适量酱油、盐，炒匀后出锅即可。

Tips

1. 土鸡焯烫出血后再清洗一次,这样炖出的汤才会清亮。

2. 在泡天麻的时候加入少许白糖,既能缩短涨发的时间,也可使食材的味道更好。

3. 在春季适合吃公鸡,在秋冬季适合吃土鸡。

我愿意（天麻炖鸡）　　Author ID：苁苁

Materials

主料

天麻10g

三黄土鸡1只

辅料

姜片5g

盐3g

枸杞5g

红枣10g

料酒20ml

盐2g

白糖5g

Steps

1. 土鸡处理干净；红枣、枸杞用清水冲洗干净。
2. 天麻在加入了少许白糖的清水中提前泡软好，然后切成薄片。
3. 锅内加水烧开后，加入料酒，再把土鸡下锅，煮至析出血水后关火，捞出再次洗净。
4. 依次将土鸡、枸杞、红枣、天麻片、白糖都放入砂锅内，再倒入料酒，清水没过鸡身，盖上锅盖，大火烧开后转小火，慢炖约1小时，炖好后调入适量的盐即可。

Tips

梅干菜要清洗干净,切得越细越好。

梅兰梅兰我爱你（梅菜扣肉）

Author ID：梅依旧

Materials

主料

五花肉1000g

梅干菜200g

辅料

油5ml

碎冰糖8g

腐乳汁8ml

酱油10ml

生抽5ml

Steps

1. 把五花肉的肉皮刮洗干净，入冷水锅中，大火煮至八成熟。
2. 捞出沥水，趁热抹上酱油。
3. 炒锅倒油，烧至八成热时，将五花肉皮朝下放入锅中炸至深红色，捞出晾凉。
4. 把炸好的五花肉切成大长片。
5. 取一大碗，倒少许油和碎冰糖。
6. 将肉片的肉皮朝下，整齐地码在碗内。

7.梅干菜泡软洗净，锅中放少许油，将洗净的梅菜倒入锅中，调入生抽、腐乳汁翻炒均匀，关火。

8.肉上放上炒过的梅干菜，入蒸锅蒸约30分钟至肉软烂（或放入高压锅中蒸熟也可以）。

9.关火后取出肉碗，用圆盘盖在上面，滗出汤汁，再将碗倒扣在盘中，然后大火烧热炒锅，将倒出的汤汁烧开，熬至浓稠，淋在肉上即可。

做菜心得：

美味海鲜

各式海鲜,不仅味道鲜美,而且富含蛋白质、脂肪、多种维生素等对人体十分有益的营养成分。

Tips

1. 浸泡虾米的水不要丢弃,还可以继续煮冬瓜,以避免营养流失。
2. 因为虾米本身带有咸味,所以在放盐时应酌情添加。

繁星（虾米冬瓜汤）

Author ID：芷萍

Materials

主料

冬瓜300g

虾米100g

辅料

油8ml

盐2g

葱花5g

姜汁5ml

辣椒豉油5ml

白胡椒粉5g

十三香3g

蒜末5g

鸡精1g

Steps

1.泡发好的虾米，去掉外皮；泡发虾米的水留着备用。

2.冬瓜削去外皮后，用勺子挖去瓜瓤，切成薄片备用。

3.炒锅内倒油，放入葱花和蒜末爆香。

4.下入虾米翻炒，至虾米变得晶莹剔透。

5.放入冬瓜片翻炒。

6.加入十三香、盐、白胡椒粉、辣椒豉油和姜汁。

7.倒入浸泡虾米时的水。

8.翻炒均匀，煮至冬瓜入味。

9.待汤汁收干时加入鸡精，即可出锅。

Tips

1. 用鲜活鲫鱼做菜,味道才鲜美。
2. 用少许鸡蛋液涂抹鱼身,是为了让鱼在煎制的时候不容易破皮;或抹少许盐也可以。
3. 加入少许番茄沙司,既可提味又能增色。

于心不忍（红烧鲫鱼） Author ID：红豆厨坊

Materials

主料

鲫鱼1条

辅料

油30ml

盐3g

葱10g

姜5g

蒜10瓣

老抽10ml

生抽20ml

番茄沙司20g

料酒25ml

白糖5g

水淀粉10ml

鸡蛋液10ml

鸡精1g

Steps

1. 鲫鱼去鳞、去内脏后洗净，姜切片，葱切段。
2. 在鲫鱼身体两侧各划几下一字花刀。
3. 然后在鱼身两侧均匀涂抹上一些鸡蛋液。
4. 平底锅中倒油，放入鲫鱼，将鱼身两侧都煎至颜色微黄。
5. 另起一炒锅，倒油，葱段、姜片、大蒜爆香。
6. 加入番茄沙司。
7. 待番茄沙司炒出香味后，放入煎好的鲫鱼。
8. 倒入适量清水，然后依次加入料酒、老抽、生抽、白糖。
9. 转大火，烧制过程中可把汤汁不断浇在鱼身上。
10. 大火烧制10～15分钟，汤汁半干时拣出葱段、姜片。
11. 把鱼盛出装盘，汤汁中加入少许盐、鸡精、水淀粉搅拌均匀。
12. 然后把调好的汤汁均匀浇在鱼身上即可。

Tips

配菜、花椒及辣椒的用量可依据自己的喜好来放。

不怕不怕啦（麻辣香水鱼）

Author ID：梅依旧

Materials

主料

草鱼1条

芹菜100g

洋葱30g

香菇4个

辅料

油20ml	白糖3g
盐3g	生抽5ml
豆瓣酱10g	白胡椒粉5g
干红辣椒5g	玉米淀粉5g
姜5g	香叶2g
葱5g	草果2g
花椒3g	桂皮2g
料酒10ml	八角2g

Steps

1.干红椒切小段，用冷水浸泡10分钟；姜切片，葱切丝。

2.草鱼洗净后切成小块，用料酒、盐、白胡椒粉腌制15分钟。

3.将洋葱切条，芹菜切段，香菇切片，然后将其铺在砂锅底部。

4.另起一炒锅，倒油，放入姜片、葱丝、干红辣椒段爆香。

5.放入豆瓣酱翻炒出红油。

6.倒入高汤或清水煮开，再加入生抽、白糖及卤料包（香叶、草果、桂皮、八角），转小火煮2分钟。

7.放入鱼块。

8.将汤烧沸后,移入砂锅内,再次烧开后,撇去浮沫。

9.转小火,加盖略煮入味。

10.另起一炒锅倒油,油热后放入花椒、干红辣椒,炸出辣味,最后将其淋在鱼块上即可。

做菜心得：

Tips

1. 绑大闸蟹的绳子一定要是纱线。
2. 锅里放些料酒,可以去腥;倒入油,可使蒸好的大闸蟹光亮有泽。

我就是我（清蒸大闸蟹）

Author ID：爱跳舞的老太

Materials

主料

大闸蟹2只

辅料

油5ml

鲜抽10ml

葱结5g

姜10g

料酒8ml

香醋8ml

Steps

1. 大闸蟹用刷子洗净。
2. 锅中倒入适量清水，放入姜片、葱结，然后倒入料酒、油。
3. 将已经用纱线系好了的大闸蟹放在锅中的蒸屉上，盖上锅盖，大火蒸5分钟，转中火再蒸10分钟。
4. 去除大闸蟹上的绳子，装盘。
5. 姜切末，放入碗中，并加入鲜抽、香醋，搅拌成碗汁，食用大闸蟹时蘸用即可。

Tips

患有疥疮、湿疹等皮肤病或皮肤过敏者忌食带鱼

香喷喷（香辣带鱼） Author ID：爱跳舞的老太

Materials

主料

带鱼550g

辅料

油20ml

盐3g

白糖3g

料酒5ml

葱10g

姜10g

蒜5瓣

辣椒5g

干淀粉50g

老抽10ml

Steps

1. 葱切碎，姜切丝，蒜切末，辣椒切丝。
2. 带鱼去头去肚，洗净后切段，并拍上干淀粉。
3. 起油锅，油七分热时放入带鱼，炸至带鱼两侧金黄色时，捞出控油。
4. 锅中留底油，放入葱碎、姜丝、蒜末、辣椒丝炒香。
5. 放入炸好的带鱼。
6. 再入白糖、料酒、老抽和适量清水，大火煮开，中火煮约8分钟。
7. 加盐后煮1分钟，最后撒上葱碎即可。

Tips

1. 一定要用活虾。
2. 在夏天,也可以在冰箱冷藏后再食用。
3. 醉虾摆盘后,不用泼热油也可以食用。

你把我灌醉（醉虾）

Author ID：苁苁

Materials

主料

鲜虾300g

辅料

油8ml	香葱3g	黄酒10ml
蒜3瓣	白糖3g	香醋8g
姜10g	鸡精2g	麻油5ml
干红辣椒5g	酱油10g	十三香5g

Steps

1. 香葱切碎，姜切丝，蒜切末，干红辣椒切圈。
2. 用牙签挑出虾线，用剪刀剪去虾须和虾枪，冲洗干净。
3. 在干净的容器内，加入葱白、姜丝、蒜末、白糖、酱油、香醋、黄酒、麻油、鸡精、十三香制成调料汁，然后将鲜虾放入调料汁内浸泡约2小时。
4. 将浸泡好的虾取出摆盘，盘中倒入少许调料汁，上面摆放些姜丝和蒜末。
5. 锅内倒油，烧热。
6. 在虾上面再摆上葱花，将烧热的油浇在葱碎上即可。

Tips

1. 蒸鱼时一定要等锅内水烧开后才放到蒸架上，蒸的时候保持大火。
2. 如果有蒸鱼专用的蒸鱼酱油，可直接代替汁水制作过程，将其直接淋在鱼上。
3. 清洗鳜鱼时要注意，背鳍前半部为硬棘且有毒素，不要刮伤手。

桃花源（清蒸鳜鱼）

Author ID：布鲁比

Materials

主料

鳜鱼1条

辅料

生抽10ml

白酒2ml

姜10g

葱5g

油5ml

盐5g

白糖2g

Steps

1. 用流水清洗鱼身，去除血污，沥干水分。
2. 在鱼身两侧各划几道平行刀口，抹少量盐。
3. 切几片姜插入刀口中，再倒少许白酒抹匀，放置10分钟。
4. 将葱切丝，余下的姜也切丝。

5. 锅内水烧开，放上蒸架。

6. 放上装鱼的浅碟，盖盖儿蒸6~8分钟，待鱼肉略涨大时，关火。

7. 将碟中汁水倒去，保证鱼肉和汁水不腥。

8. 将姜丝与葱丝均匀撒在鱼身上。

9. 锅内倒油加热后，将熟油均匀淋在放有葱姜的鱼身上。

10. 锅内倒入10毫升生抽、30毫升清水、少许白糖和盐，待汁水沸腾关火，制作成调味汁，最后将其淋到鱼碟中即可。

做菜心得：

无汤不成席

无论是中餐还是西餐,无论是丰盛的宴席还是普通的家常便饭,汤都是餐桌上的宠物。嗜汤、喜汤、品汤已是时尚,可谓"无汤不成席"。在外面工作忙碌了一天,回到家喝上一碗滋味鲜香、营养丰富的汤,感觉真是不一样。

Tips

1. 冬瓜片不要切太薄,约1厘米厚即可,因为加入鸡汤后要小火煮,以免冬瓜煮熟了,丸子还没有全下锅。
2. 鸡汤、高汤或清水都可以。

故乡的云（冬瓜丸子汤） Author ID：冰糖豆腐花

Materials

主料

冬瓜块400g

肉末80g

辅料

油8ml

盐5g

香菇3个

红萝卜30g

芹菜20g

姜5g

油80ml

白糖2g

Steps

1. 红萝卜、芹菜、香菇、姜剁成碎粒。
2. 把以上材料加入肉末中，继续剁均匀。
3. 然后在肉馅中加入2克白糖、3克盐，继续剁均匀。
4. 在剁好的肉馅中加入油，然后使劲向一个方向搅拌。
5. 起油锅，加入冬瓜块翻炒片刻。
6. 在锅中加入鸡汤，转小火。
7. 用手将肉馅挤成丸子状，然后用勺子取出直接放入锅中，待全部丸子入锅后调成大火。
8. 待全部丸子浮起后，再下盐调味即可。

Tips

1. 干海带上附有很多泥沙，泡水后要冲洗干净。
2. 排骨要冷水下锅，煮开后再撇去浮沫，这样炖出的肉质更好。

听海（海带排骨汤）

Author ID：冰糖豆腐花

Materials

主料

干海带100g

排骨250g

辅料

胡萝卜块50g

盐3g

姜片5g

Steps

1. 干海带在清水中浸泡1小时后，冲洗干净。
2. 锅中烧开水，加入海带煮5分钟捞起，用清水再次冲洗。
3. 另起一锅，倒入清水，加入排骨煮制，水开后撇去浮沫。
4. 把姜片、洗净的海带和胡萝卜块一起下锅，大火煮开后改小火煮1小时。
5. 最后下盐调味即可。

Tips

1. 丝瓜味道清甜,烹煮时不宜加酱油或豆瓣酱等口味较重的酱料。
2. 丝瓜要选择硬的,因为软的不新鲜,且难去皮。
3. 汤不宜久煮,3分钟即可,煮丝瓜时不要盖锅盖,否则会让丝瓜颜色变黄。

想你的夜（丝瓜汤）　　Author ID：苁苁

Materials

主料

丝瓜1根

辅料

油5ml

盐2g

火腿肠220g

鸡蛋1个

虾皮5g

Steps

1. 丝瓜去皮后切成滚刀块，冲洗后沥水备用。
2. 火腿肠切片。
3. 鸡蛋打散。
4. 锅中倒油，烧热后放入丝瓜块翻炒。
5. 待丝瓜块变软后，倒入两大碗清水烧开。
6. 烧开后加入虾皮，然后慢慢倒入蛋液。
7. 关火，最后放入火腿肠、盐，搅拌均匀即可。

Tips

1. 选猪肝时,一定要有弹性、无异味、表面有光泽、颜色紫红均匀的。
2. 切猪肝时并不是越薄越好,要有一定的厚度,3毫米最佳。
3. 菠菜猪肝汤出锅以后可以依个人口味放入胡椒粉和麻油。

萍聚（菠菜猪肝汤） Author ID：凡鸟

Materials

主料

猪肝200g

菠菜100g

辅料

盐6g

料酒5ml

油8ml

姜30g

生粉10g

Steps

1. 猪肝挑去白筋，菠菜洗净，姜去皮后切末。
2. 将挑去白筋的猪肝切成片，放入碗中，并放入生粉、盐和料酒，搅拌均匀后腌制10分钟。
3. 起油锅，下猪肝片，翻炒至八成熟即可。
4. 再放入适量清水。
5. 然后放入姜末，烧开后转小火，捞出白沫，再转大火。
6. 最后放入洗好的菠菜，再放入适量盐即可。

Tips

1. 如果用墨鱼干炖汤,炖的时间比较长,如果是新鲜墨鱼,约15分钟就可以了。
2. 也可以用排骨、猪大骨或鸡肉一起炖汤。
3. 墨鱼中含胆固醇较高,高血压患者少吃。

爱琴海（墨鱼汤）　　Author ID：爱跳舞的老太

Materials

主料

墨鱼700g

五花肉100g

辅料

盐3g

料酒5ml

葱花8g

姜片4g

胡椒粉3g

Steps

1. 五花肉洗净后切厚片。
2. 墨鱼去除内脏，剥去外皮，切花刀块。
3. 烧锅内放入适量清水后，再放入姜片、葱花、五花肉和料酒。
4. 大火煮开后，转小火再煮15分钟。
5. 放入墨鱼，大火煮开后撇去浮沫，转小火炖15分钟。
6. 加盐煮2分钟。
7. 最后放入胡椒粉、葱花即可出锅。

好豆菜谱
www.haodou.com

超过2000万人
正在使用的菜谱APP!

扫一扫立即安装

最全,最优的菜谱
收录菜谱数超过四十万道
每天通过手机发表十多万张菜谱成果照

满足做菜的所有需求
丰富的功效专题,满足你的生活所需
经典的厨房小知识
帮助你解决所遇到的问题

最终解释权归好豆网所有

图书在版编目（CIP）数据

三口之家：比饭店还要好吃的私房菜/好豆网 编.—北京：东方出版社,2014.2
ISBN 978-7-5060-7224-3

Ⅰ.①三… Ⅱ.①好… Ⅲ.①菜谱 Ⅳ.①TS972.12

中国版本图书馆CIP数据核字（2014）第024521号

三口之家：比饭店还要好吃的私房菜
(SANKOU ZHI JIA：BI FANDIAN HAIYAO HAOCHI DE SIFANGCAI)

编　　者：	好豆网
责任编辑：	王　伟
出　　版：	东方出版社
发　　行：	人民东方出版传媒有限公司
地　　址：	北京市东城区朝阳门内大街166号
邮政编码：	100706
印　　刷：	北京捷迅佳彩印刷有限公司
版　　次：	2014年4月第1版
印　　次：	2014年4月第1次印刷
印　　数：	1—5000册
开　　本：	710毫米×1000毫米　1/16
印　　张：	7.5
字　　数：	184千字
书　　号：	ISBN 978-7-5060-7224-3
定　　价：	28.00元
发行电话：	（010）65210056　65210060
	（010）65210062　65210063

版权所有，违者必究 本书观点并不代表本社立场
如有印装质量问题，请拨打电话：（010）65210012